# Landwirtschaft der Zukunft. Technologische Innovationen für eine nachhaltige Branche

Friedrich Strampe

**Bibliografische Information der Deutschen Nationalbibliothek:**

Die Deutsche Nationalbibliothek verzeichnet diese Publikation in der Deutschen Nationalbibliografie; detaillierte bibliografische Daten sind im Internet über http://dnb.d-nb.de abrufbar.

ISBN: 9783346947871
Dieses Buch ist auch als E-Book erhältlich.

© GRIN Publishing GmbH
Trappentreustraße 1
80339 München




Druck und Bindung: Books on Demand GmbH, Norderstedt Germany
Gedruckt auf säurefreiem Papier aus verantwortungsvollen Quellen

Das vorliegende Werk wurde sorgfältig erarbeitet. Dennoch übernehmen Autoren und Verlag für die Richtigkeit von Angaben, Hinweisen, Links und Ratschlägen sowie eventuelle Druckfehler keine Haftung.

Das Buch bei GRIN: https://www.grin.com/document/1400009

Fachhochschule Kiel

Hochschule für Angewandte Wissenschaften

Fachbereich Agrarwirtschaft

Osterrönfeld

## Seminar III

---

## Landwirtschaft der Zukunft – welche Lösungen bieten sich an?

---

vorgelegt von:

Friedrich-Wilhelm Strampe

Brockhimbergen, im Mai 2023

# Inhaltsverzeichnis

# Abkürzungsverzeichnis

| | |
|---|---|
| AS 2035 | Ackerbaustrategie 2035 |
| BMEL | Bundesministerium für Ernährung und Landwirtschaft |
| EU | Europäische Union |
| GAP | Die Gemeinsame Agrarpolitik |
| GLÖZ | guter landwirtschaftlicher und ökologischer Zustand |
| ha | Hektar |
| KI | künstliche Intelligenz |
| N | Stickstoff |
| NIRS | Nahinfrarotspektroskopie |
| ZKL | Zukunftskommission Landwirtschaft |

# 1 Einleitung

In den vergangenen Jahren erlebte die deutsche Landwirtschaft einen regelrechten Verlust an Betrieben und mit Ihnen gingen Arbeitskräfte verloren. Laut DESTATIS (2022a) stellten in den letzten beiden Dekaden ca. 193.000 Betriebe ihre Arbeit ein. Die Ausbildung von geeignetem Nachwuchs hat ebenfalls abgenommen. So lernten und studierten im Jahr 2016 noch insgesamt 27.275 künftige Fachkräfte im Bereich der Landwirtschaft. Im vergangenen Jahr konnten lediglich 24.220 Lernende gezählt werden (DESTATIS 2022b; DESTATIS 2022c). Aus diesen Zahlen ergeben sich rückläufige Werte von 43 % bei den Betrieben und 11 % bei den Auszubildenen und Studierenden. Zusätzlich stellten die jüngsten Entwicklungen der Energie- und Düngermärkte, ausgelöste von unvorhersehbaren Ereignissen, wie Corona-Pandemie und Krieg, unsere Landwirtschaft vor weitere Herausforderungen.

Da diese Herausforderungen künftig wiederkehren können, sich die Anzahl der landwirtschaftlichen Betriebe, Auszubildenen und Studierenden sukzessive verringert, sollte nach Möglichkeiten für Veränderungen in der Landwirtschaft gesucht werden, sodass das Angebot und die Produktion von Lebensmitteln in Zukunft weiterhin sichergestellt werden können. Diese Seminararbeit verfolgt das Ziel, einen Einblick in die Landwirtschaft der Zukunft zu geben. Es werden Techniken vorgestellt, die nicht nur zur Arbeitserleichterung beitragen, sondern auch zusätzlich ihren Teil zum Erreichen von Zielsetzungen in den Bereichen Umwelt- und Klimaschutz und optimale Pflanzenversorgung beitragen können. Ebenso werden digitale und nachhaltige Systeme vorgestellt, die die Branche mitunter für eine erfolgreiche Zukunft rüsten.

# 2 Zukunftsorientierte Veröffentlichungen und Vorgaben

Um den globalen Entwicklungen, wie dem Klimawandel und der Energiekrise, entgegenzuwirken, haben eine Vielzahl von Institutionen Vorgaben und Leitfäden entwickelt und veröffentlicht. Diese sollen die Industrie und Landwirtschaft bei ihrem Weg in die Zukunft steuern und unterstützen (BMEL 2021: 3-5; ZKL 2021: 3). Für die heimische Zukunftsausrichtung veröffentlichte das

Bundesministerium für Ernährung und Landwirtschaft (BMEL) beispielsweise die Ackerbaustrategie 2035 (AS 2035) (BMEL 2021). Dieses und weitere zukunftsorientiere Papiere anderer Organisationen, die die deutsche Landwirtschaft direkt oder indirekt ansprechen, werden im Folgenden dargestellt und erläutert.

## 2.1  Ackerbaustrategie 2035

Die AS 2035 dient als mittel- bis langfristiges Strategiepapier des BMEL und beschreibt eine zukunftsorientierte Ausrichtung und Umstellung des Ackerbaus in Deutschland. Herausforderungen in den Bereichen Umwelt-, Natur-, und Klimaschutz, sowie in der gesellschaftlichen Akzeptanz, die durch die landwirtschaftlichen Leistungssteigerungen in den letzten Jahrzehnten entstandenen sind, sollen durch das Erreichen von definierten Leitlinien (Zielen) behoben bzw. ausgeglichen werden. So sollen zum Beispiel eine höhere Düngeeffizienz und klimaangepasste Anbaukonzepte die künftigen Einkommen der Landwirte sichern. Gleichermaßen werden die Sicherstellung der Versorgung mit hochwertigen Nahrungsmitteln und ein höherer Beitrag zum Klimaschutz durch die Landwirtschaft als Leitlinien genannt (BMEL 2021: 51).

Viele der Maßnahmen zur Erfüllung der Vorhaben, wie die Stärkung des integrierten Pflanzenschutzes und der Biodiversität in der Agrarlandschaft, richten sich direkt an die landwirtschaftlichen Betriebe und sollen die Weiterentwicklung des Ackerbaus fördern. Ergänzend zu den von den Betrieben zu erreichenden Zielen, werden ebenso regionale Gemeinschaftsprojekte, wie die Erarbeitung von neuen Bewässerungsmöglichkeiten und die Einrichtung von Leitbetrieben, beschrieben. Zur weiteren Unterstützung der Landwirte wird die Durchführung der AS 2035 politisch und finanziell unterstützt und in einem Rhythmus von fünf Jahren evaluiert, um bei Bedarf Anpassungen durchführen zu können (BMEL 2021: 51-52).

## 2.2  Die Gemeinsame Agrarpolitik

Die als Partnerschaft zwischen Landwirtschaft und Gesellschaft geltende gemeinsame Agrarpolitik (GAP) der Europäischen Union (EU) wurde im Jahr 1962 eingeführt. Finanziert und verwaltet wird die GAP aus Mitteln des EU-Haushaltes. Zu den Zielen, für die in allen EU-Mitgliedstaaten geltenden Agrarpolitik, zählen unter anderem die Unterstützung der landwirtschaftlichen Betriebe mit Verbesserung ihrer Produktivität, die Sicherung bezahlbaren Nahrungsmitteln, das Ermöglichen eines angemessenen Einkommens für die Erzeuger, Erhaltung der ländlichen Gebiete und Landschaften, sowie die Förderung von Arbeitsplätzen in der Agrar- und Ernährungsbranche. Zusätzlich soll durch und mit einer nachhaltigen Bewirtschaftung dem Klimawandel entgegengewirkt werden (EK 2023a).

Mit der neusten Novellierung und dem Inkrafttreten zum 01. Januar 2023 wird die GAP in ihrer Version 2023-2027 nach EK (2023b) als fair, grün und leistungsbezogen beschrieben und steht für eine nachhaltige Zukunft der europäischen Landwirtschaft, sowie für die Unterstützung von kleineren Betrieben. Neu verankert wurden die Maßnahmen für den guten landwirtschaftlichen und ökologischen Zustand (GLÖZ) der Flächen und die Grundanforderungen an die Betriebsführer. Zu den neuen GLÖZ-Maßnahmen, die einen direkten Einfluss auf die Bewirtschaftung haben, zählen unter anderem das Einhalten von Gewässerschutzstreifen, eine Mindestbodenbedeckung, der jährliche Fruchtwechsel und eine verpflichtende Stilllegung (LWK NDS o.J.).

Durch ein inhaltliches Zusammenspiel soll die GAP 2023-2027 zusätzlich dazu beitragen, dass die von der EU im europäischen Grünen Deal festgeschriebenen Ziele erreicht werden (EK 2019; EK 2023b).

## 2.3  4-Promille-Initiative (DON et al. 2018)

Mit der 4-Promille-Initiative wurde von der französischen Regierung im Dezember 2015, im Rahmen der Weltklimaverhandlungen in Paris, eine Initiative vorgestellt, mit deren Hilfe weitere Staaten, Unternehmen und Institutionen auf die Speicherung von organischem Kohlenstoff in Böden, der damit verbundenen Ertragssicherung und dem implizierten Klimaschutz aufmerksam gemacht werden soll. Der Hauptfokus liegt dabei bei der Bindung von organischem Kohlenstoff und dem weltweiten Ziel jährlich 4 ‰ mehr Bodensubstanz zu generieren. Mit diesem Anstieg soll es möglich sein, die anthropogenen Treibhausemissionen auszugleichen (DON et al. 2018: 3).

Zur Umsetzung sieht die Initiative vor, dass der Schwerpunkt auf der Optimierung landwirtschaftlicher Praktiken liegt. Neben mehr Klimaschutz durch Kohlenstoffbindung wird somit angestrebt die Bodenfruchtbarkeit zu erhöhen und die zukünftige Ertragsfähigkeit zu sichern. Ergänzend zu den bisherigen Verhandlungsthemen Klimawandel, dessen Auswirkungen und Ernährungssicherung der Entwicklungs- und Schwellenländer in und mit der Weltklimaverhandlung, strebt die 4-Promillie-Initiative an, ebenfalls Entwicklungsländer im Bereich Landwirtschaft und Landnutzung in globale Klimaschutzaktivitäten zu integrieren (DON et al. 2018: 3).

Das Vorhaben, die Ressource Boden zu erhalten und dessen Fruchtbarkeit zu erhöhen und mit dem Klimaschutz zu kombinieren wird im Arbeitspapier zur 4-Promillie-Initiative von DON et al. (2018) grundsätzlich unterstützt und als begrüßenswert erwähnt. Dennoch wird unteranderem klargestellt, dass eine einseitige Fokussierung auf theoretische Potentiale zur großflächigen Erhöhung von organischem Bodenkohlenstoff kritisch zu betrachten ist und ergänzend darauf hingewiesen, dass Verluste aus kohlenstoffreichen Moor- und Grünlandböden gewissen Gefahren mit sich bringen und zu stoppen sind. Infolgedessen werden von DON et al. (2018) Maßnahmen zur Festsetzung und zum Schutz von Kohlenstoff in landwirtschaftlichen Böden diskutiert und Vorgehensweisen präsentiert, wie die 4-Promillie-Initiative in Deutschland umgesetzt werden kann (DON et al. 2018: 1-4).

## 2.4   Zukunft Landwirtschaft. Eine gesamtgesellschaftliche Aufgabe

Mit der Zukunftskommission Landwirtschaft (ZKL) wurde im Jahr 2020 ein neues Gremium initiiert, welches Handlungsvorschläge für die Bundesregierung in den Bereichen Landwirtschaft, Umwelt- und Klimaschutz, Tierhaltung und Zukunft der Agrarpolitik erarbeiten soll. Bei der Besetzung der Kommission legten der Deutsche Bauernverband und die Organisation Land schafft Verbindung, als die Gründungsinitiatoren, Wert darauf, dass die Mitglieder zu gleichen Teilen aus den Bereichen Landwirtschaft, Wirtschaft und Verbraucher, Umwelt und Tierschutz und der Wissenschaft stammen (DBV 2020). Impulsgebend für die Gründung dieser Initiative waren nach BMEL (2022) zunehmende Landwirtschafts-, Klima- und Umweltproteste.

Als Ergebnis ihrer Arbeit präsentierte die ZKL einen umfassenden Abschlussbericht mit der Anmerkung, dass eine Umgestaltung des deutschen Landwirtschafts- und Ernährungssektors nur als gesamtgesellschaftliche Aufgabe umzusetzen sei. Vorab wurden jedoch unterschiedlichste Ansichten zu ökologischen, ökonomischen und sozialen Bereichen der Agrar- und Umweltpolitik zu gemeinsamen Standpunkten zusammengefasst, beschrieben und Handlungsempfehlungen ausgesprochen (BMEL 2022; ZKL 2021: 48 ff.).

Im Themenbereich Boden, Wasser und Nährstoffkreisläufe wird beispielsweise empfohlen, die Bodenfruchtbarkeit zu fördern, Wasserverfügbarkeit zu sichern und die Bereitstellung landwirtschaftlicher Flächen zu gewährleisten. Ebenso weist die ZKL darauf hin, durch teilflächenspezifische Düngemengensteuerung die Stickstoff(N)-Nutzungseffizenz zu erhöhen und somit den Einsatz von Düngern zu reduzieren (ZKL 2021: 84).

## 3   Zukunftsorientierte Lösungsansätze

Trotz ihrer unterschiedlichen Herausgeber, zeigen die im vorherigen Kapitel erläuterten zukunftsorientierten Veröffentlichungen und Vorgaben für die Landwirtschaft inhaltlich zahlreiche Überschneidungen. Ein gleichbleibender Tonus ist vor allem in den Bereichen der Bodenfruchtbarkeit, Düngeeffizienz und dem Umgang mit Wasser in Verbindung mit klimaangepassten Anbaukonzepten und dem Erreichen von Klimazielen zu erkennen. Gleichermaßen wird verdeutlicht, dass das Erreichen der Zukunftsziele eine gesamtgesellschaftliche Aufgabe ist und sowohl politische Unterstützung als auch die Neu- und Weiterentwicklung von Verfahren und Techniken benötigt, um die Landwirtschaft im Allgemeinen nachhaltiger und gleichbleibend produktiv zu gestalten (BMEL 2021; EK 2023b; DON et al. 2018; ZKL 2021).

Im Folgenden werden technische und intelligente Verfahren beschrieben, die durch ihren Einsatz und weiterer Digitalisierung als Lösungsansatz dazu beitragen können, die im zweiten Kapitel beschriebenen Forderungen und Zielsetzungen in Deutschland und der EU zu erreichen.

## 3.1 Sensortechnik – am Beispiel Nahinfrarotspektroskopie

Mit der Technik der Nahinfrarotspektroskopie (NIRS) bietet sich die Möglichkeit, bei der Ausbringung von organischen Düngern, wie Gülle und Biogassubstraten, die Nährstoffgehalte in Echtzeit via Online-Datenabgleich zu ermitteln und die Ausbringungsmenge während der Überfahrt bedarfsgerecht anzupassen. Bislang ist es i.d.R. üblich, dass für die Bestimmung der auszubringen Mengen von organischem Wirtschaftsdünger einzelne (Misch-)Proben aus Lagern entnommen werden, die ein Fassungsvermögen von tausenden Kubikmetern besitzen. Diese Proben müssen zusätzlich in Laboren untersucht werden, damit Landwirte ein repräsentatives und planungssicheres Ergebnis erhalten (ZIMMERMANN et al. 2008, zitiert in LICHTI 2017: 75). Im Bereich der Futtermittelanalyse können bereits zuverlässige Analysen der Inhaltsstoffe wie z.B. Rohprotein, Rohfett, Stärke, Trockensubstanz und Rohfaser mit der NIRS-Methode durchgeführt werden (LICHTI und THURNER 2018: 2).

Grundlage der NIRS-Technologie ist das Absorbieren, Reflektieren oder Durchlassen von einfallendem Licht auf ein Medium, wie die Komponenten einer Gülle. Dazu findet eine Bestrahlung der zu untersuchenden Masse mit Licht des Spektrums von nahinfrarotem Licht (800-2500 Nanometer), das für das menschliche Auge nicht sichtbar ist, statt. Dabei werden die unterschiedlichen Inhaltsstoffe in Schwingungen versetzt und entziehen dem Licht Energie. Anhand der dadurch reflektierten oder durchgelassenen Wellenlängen (Licht) können die einzelnen Komponenten des Mediums identifiziert werden (LICHTI und THURNER 2018: 2).

## 3.2 Fernerkundungstechnik – am Beispiel Drohnen

Drohnen werden bereits seit einiger Zeit als vielseitiger Helfer in der Landwirtschaft eingesetzt und versprechen großes Potential zur Bewältigung kommender Herausforderungen. Neben der Vermessungsbranche ist die Landwirtschaft die Branche mit den meisten Drohneneinsätzen (KTBL 2021: 7).

Eine BITKOM (2018) Umfrage ergab, dass 9 % der deutschen Landwirte bereits Drohnen zum Einsatz bringen. Dabei dient jeder dritte Drohneneinsatz (33 %) zur Wildrettung bzw. zur Vermeidung von Wildschäden. Nahezu identisch sind die Einsatzzahlen zur Kontrolle von Pflanzen und Böden

(32 %), sowie zum Schutz der Bestände und der Ausbringung von Nützlingen (31 %). Diese Zahlen bestätigen auf der einen Seite, dass Drohnen bereits für unterschiedliche Zwecke eingesetzt werden, zeigen aber auf der anderen Seite, dass sie derzeit keinen wesentlichen Einfluss auf die landwirtschaftliche Praxis haben. In erster Linie wird die Technik zur schnellen Informationsgewinnung genutzt, ohne die gewonnenen Erkenntnisse langfristig in den Arbeitsalltag zu integrieren. Ausschlaggebend dafür seien unter anderem mangelndes Knowhow und das Fehlen der richtigen richtige Software (KTBL 2021: 7-8).

## 3.3 Künstliche Intelligenz

Die Technologie der künstlichen Intelligenz (KI) ahmt mittels Computer und Maschinen den menschlichen Verstand nach, um Entscheidungen und Probleme möglichst intelligent zu treffen und lösen zu können (IBM o.J.). Dadurch ermöglicht die KI intensive und schnelle Analysen von Datenmengen, die für Menschen hinsichtlich des Umfangs und der Komplexität von Daten oftmals nicht mehr zu leisten sind. Diese Eigenschaften gewinnen zunehmend in allen Wirtschaftsbereichen große Wertschätzung, um Arbeitsabläufe effizienter gestalten zu können. Die Technologie greift bereits in alltägliche Prozesse ein und lässt beispielsweise in Bankinstituten intelligente Algorithmen über die Kreditwürdigkeit ihrer Antragsteller entscheiden (KITZMANN 2022).

Dies Vorzüge sind ebenso in der landwirtschaftlichen Branche positiv aufgefallen. So wird bereites an einem cloudbasierten Anwendungsverfahren geforscht, das Anhand von Bildmaterial und durch Sensoren ermittelte Daten, Auskunft über Pflanzenbestände und den Bodenzustand geben soll. (FRAUNHOFER 2021: 2). Durch diese neuartige Technik befindet sich unsere Gesellschaft in einem fundamentalen Wandel, der unsere Zukunft auf unterschiedlichen Ebenen verändern, aber dennoch positiv beeinflussen kann (KITZMANN 2022).

## 4  Diskussion

Grundsätzlich gilt die Digitalisierung der Landwirtschaft im Vergleich zu anderen Wirtschaftsfeldern als sehr komplex. Die Verflechtungen zwischen Umwelt, Politik, Sozialem und Landwirtschaft stellen erhebliche Herausforderungen für alle Beteiligten dar. Dennoch entstehen gewaltige Chancen, um künftig in Bezug auf die Ernährungssicherheit und der Erhaltung von Ökosystemen erfolgreich zu sein (NÜSSEL 2018: 344). Im Folgenden werden die in Kapitel 3 beschriebenen Lösungsansätze für die landwirtschaftliche Zukunft genauer betrachtet und hinsichtlich ihrer Eigenschaften und der damit verbundenen Umsetzungsmöglichkeiten diskutiert.

Im Bereich der flüssigen Wirtschaftsdünger kann die NIRS-Technologie zukünftig eine zuverlässige Lösung für die digitale Dokumentation der Nährstoffausbringung bieten, sowie dabei unterstützen die erforderten Aufzeichnungen von ausgebrachten Düngemitteln lückenlos zu gewährleisten. Ebenso kann die Effizienz der organischen Düngung durch das NIRS-Verfahren gesteigert werden (DüV 2017: § 10; BÖKLE et al. 2020: 37).

Diese These sollte für landwirtschaftliche Betriebe und Lohnunternehmer Grund genug sein, der seit ca. 15 Jahren auf dem Markt verfügbare Technik zeitnah mit größerem Interesse zu begegnen (LICHTI 2017: 75). Eine weitere Stärke der Technik liegt in der Echtzeit-Beprobung der Gülle und Biogassubstraten, die ausgebracht werden. Durch die Messung der Nährstoffgehalte beim Befüllen des Güllefahrzeugs oder während der Düngergabe, ist es direkt vor Ort möglich die Ausbringmenge je Hektar (ha) z.B. anhand des N-Gehaltes zu bestimmen. Bei dem herkömmlichen Analyseverfahren werden die Substratproben aus Lagern mit unter Umständen nicht homogenen Inhalt entnommen. Setzen sich feste und flüssige Phasen der organischen Wirtschaftsdünger im Lagerbehälter voneinander ab, gibt die im Labor untersuchte Stichprobe nur ein Ergebnis mit erheblichen Abweichungen zu den tatsächlichen Inhaltsstoffen wieder. Deshalb erhalten die Landwirte durch die Anwendung der NIRS-Technik im Vergleich zu dem herkömmlichen Analyseverfahren stets eine repräsentative Aussage ihrer ausgebrachten Nährstoffmengen. Der Einsatz der NIRS-Technik bietet daher die Möglichkeit jederzeit die gewünschte Menge Nährstoffe/ha ausbringen zu können, ohne dass der Pflanzenbestand auf Grund von fehlerhaften Proben massiv unter- oder überversorgt wird. In Synergie mit der Möglichkeit der punktgenauen Nährstoffausbringung können zusätzlich Sensoren zur Erkennung der N-Aufnahme des Pflanzenbestandes eingesetzt werden. Anhand der Grünfärbung der Pflanzen erkennen diese Sensoren wie viel N bereits von den Pflanzen aufgenommen wurde und passen die Ausbringung über die NIRS-Technologie am Ausbringfahrzeug entsprechen an (AG 2019: 28; RECKLEBEN, Y. und RECKLEBEN, B. 2022: 19 f.; ZIMMERMANN et al. 2008, zitiert in LICHTI 2017: 75).

Damit eine zuverlässige Nutzung des oben beschriebene Anwendungsverfahren der NIRS-Technik in Zukunft gewährleistet werden kann, beschreiben LICHTI und THURNER (2018: 2-3) die zwingende Notwendigkeit der Erhebung einer Datenbank mit ausreichender Menge an aufbereiteten Messwerten. Die Zusammenstellung dieser Datenbank wird als Kalibrierung des Systems bezeichnet. Grund dafür ist, dass es sich beim NIRS-Verfahren um ein indirektes Mess- also Schätzverfahren handelt und daher auf eine große Menge an repräsentativer Mess- und Laborergebnisse zurückgreifen muss. Des Weiteren muss die vorhandene Kalibration permanent von den Herstellern aktualisiert und überprüft werden, um eine optimale Nutzung gewährleisten zu können (LICHTI et al. 2018: 4). Sofern diese Voraussetzungen gegeben sind, bietet die digitale NIRS-Anwendung und deren Dokumentation durchaus Potential, um dem zu erwartenden Dokumentationsmehraufkommen hinsichtlich der Nitratbelastung durch ausgebrachte Düngermengen künftig zu erleichtern und einer Überdüngung frühzeitig vorzubeugen (BÖKLE et al. 2020: 42). Zusätzlich kann durch die genannten Erleichterungen die Wertschätzung der organischen Wirtschaftsdünger, ungeachtet der Entwicklungen des Düngermarktes der jüngeren Vergangenheit, bei den reinen Ackerbaubetrieben gesteigert und deren Einsatz vermehrt werden (STRAMPE 2023).

Somit kann die Anwendung der NIRS-Technologie nicht nur zur Steigerung der Digitalisierungsrate beitragen und eines der definierten Ziele aus Kapitel 2 erreicht werden, sondern auch den flächendeckenden Einsatz von organischen Düngern unterstützen. Infolgedessen werden durch die humusbildenden Eigenschaften der Wirtschaftsdünger weitere Zielsetzungen, wie eine Erhöhung der Düngeeffizienz und eine zunehmenden Bodenfruchtbarkeit erreicht (HERRMANN et al. 1984: 129). In Anbetracht der weitreichenden Vorzüge der NIRS-Sensoren wurde durch das BMEL (2021) im Rahmen der AS 2025 festgelegt, die Entwicklung eines Prüfverfahrens zur Qualitätssicherung der Technik zu fördern, um somit die künftige Nutzung sicherstellen zu können.

Durch die Kombination der NIRS-Methode mit der Drohnentechnik wird es zusätzlich möglich sein, den Bereich des Precision Farming (ortsdifferenzierte und zielgerichtete Bewirtschaftung landwirtschaftlicher Flächen (PÖSSNECK 2011: 2)) weiter voranzubringen. Die Fernerkundung mit beispielsweise sensorausgestatteten Drohnen bietet nach KTBL (2021: 12) unter anderem die Möglichkeit, die bereits erwähnte Pflanzenanalyse anhand ihrer Grünfärbung durchzuführen. Im Vergleich zu Satellitenaufnahmen ist die Luftbildaufnahme durch Drohnen nicht nur bei leicht bedecktem Himmel möglich, sondern für viele Anwendungen sogar ideal. Eine gleichmäßige Wolkendecke verhindert direkte Sonneneinstrahlung und den damit verbundenen Schattenwurf an Waldrändern oder Bauwerken, wodurch eine effektivere Auswertung des Bildmaterials unterstützt wird (CANDIAGO et al. 2015: 4027 f.; KTBL 2021: 9).

Ergänzend zur Anwendung im Precision Farming verspricht das Leistungsspektrum der Drohnen den Einsatz als vielseitiges Managementinstrument der zukünftigen und digitalen Landwirtschaft. Mögliche Bestandsschäden durch Wild oder Unwetter lassen sich durch Drohnen erkennen. Ferner können Schlagunterleitungen beim Anbau verschiedener Sorten auf einer Ackerfläche kurzfristig vermessen und dokumentiert werden. Zudem ermöglicht der Überflug der Flächen einen Einblick in die Gesamtvegetation des Bestands zu erhalten, sowie bevorstehende Pflanzenschutzanwendungen planen und nach Priorität einordnen zu können (KTB 2021: 81; MOSKVITCH 2015, zitiert in BLOCK et al. 2021: 3). Durch GROTHMANN (2022: 32 f.) wird dahingehend ergänzt, dass anhand von Drohnenbildern die Erstellung Ertragsprognosen ermöglicht wird und diese wiederum bei der Absatzplanung von Direktvermarktern herangezogen werden können. Gleichermaßen bietet der Drohneneinsatz Potential der Arbeitserleichterung für tierhaltende Betriebe. So kann das Herdenmanagement optimiert werden, indem Tierzählungen durchgeführt, Wasserstellen und Zäune kontrolliert oder einzelne Tiere in den Stall getrieben werden können (KTBL 2021: 81). Das Gesamtpotential der Drohnen wird durch MOSKVITCH (2015, zitiert in BLOCK et al. 2021: 3) sogar dahingehend vermutet, dass zukünftig 80 % aller Drohnen in der Landwirtschaft eingesetzt werden.

Ungeachtet der beschriebenen Vorzüge der Arbeitserleichterung durch Drohnen, stellen sich hierzulande einige Rechtsvorschriften dem uneingeschränkten Befliegen von Acker- und Grünlandflächen entgegen. Vor allem in der Landwirtschaft besteht regelmäßig Bedarf des Erkundens größer Reichweitern, die oftmals außerhalb der Sichtweite des Piloten liegen. Technisch entstehen dadurch allerdings keine Herausforderungen. Moderne Drohnen verfügen über eine Reichweite von mehreren Kilometern. Dennoch muss der Anwender jederzeit dafür Sorge tragen, dass die Drohne sich sicher im Luftraum bewegt und keine weiteren Luftverkehrsteilnehmer gefährdet (KTBL 2021: 33). Zusätzlich gilt zum Beispiel grundsätzlich ein Überflugverbot von Gebieten, denen ein besonderer Naturschutz zugesprochen wird (z.B. Natura-2000, Fauna-Flora-Habitaten). Von diesem Verbot sind ungefähr 18,5 % der terrestrischen Fläche in Deutschland betroffen (KTBL 2021: 32; LuftVO 2015: § 21h).

Nach einem von GABRIEL et al. (2021) analysierten Datensatz, basierend auf einer Onlineumfrage von Abonnenten mehrerer Agrar-Fachzeitschriften (n=591), sehen die deutschen Landwirte das Potential der Arbeitserleichterung durch digitale Techniken als förderlich für eine Anschaffung. Dennoch werden Methoden wie teilflächenspezifische Anwendungen, die durch NIRS unterstützt werden können, und Drohnen bislang in nur rund 10 % der Betriebe eingesetzt. In ihrer Ausarbeitung zum Thema Nutzung und Hemmnisse digitaler Technologien in der Landwirtschaft zeigen GABRIEL et al. (2021: 12), dass lediglich 11 % der Betriebe teilflächenspezifische Technik und 8 % Drohnen in der Außenwirtschaft (n=550) einsetzen. Letzterer Wert konnte mit gleicher Tendenz bereits einige Jahre zuvor durch eine Umfrage von BITKOM (2018) mit 9 % erhoben werden.

Ausschlaggebend für den geringen Einsatz dieser Techniken sind besonders die dafür notwendigen Anfangsinvestitionen, die von der Gesamtheit der Befragten (n=591) als stark hemmend beschrieben werden. Jedoch wird durch das BMEL (2021: 33) in der AS 2035 erklärt, dass innovative und digitale Techniken zu fördern sind, um somit die Digitalisierung in der Landwirtschaft voranzutreiben. Des Weiteren werden Faktoren wie die fragliche Wirtschaftlichkeit und Unsicherheit über Datenschutz als Gründe für den bislang zögerlichen Einsatz genannt. Diese Unsicherheiten können allerdings anhand mangelnder Erfahrung mit digitaler Agrar-Technik begründet werden. Unter Betrachtung der Hemmungs-Faktoren Handhabung, Kosten-Nutzen und Datenmanagement wird erkennbar, dass hauptsächlich Landwirte, unabhängig vom Alter, ohne bisherige Erfahrungen mit digitalen Technologien diesen kritisch gegenüberstehen (GABRIEL et al. 2021: 13). Nach der Einschätzung von NÜSSEL (2018: 355) werden auch diese Landwirte ihre Skepsis ablegen und in digitale Technik investieren, sobald für sie abzusehen ist, dass die entstandenen Kosten infolge von Düngereinsparungen oder Ertragssteigerungen ausgeglichen werden können.

Um die digitale Arbeitserledigung in der Landwirtschaft einen weiteren Schritt voranzubringen, als bislang beschrieben, werden bereits weitere Anwendungsverfahren entwickelt und erprobt.

KI wird nach FRAUNHOFER (2021) als dieser nächste Stritt beschrieben, um landwirtschaftliche Betriebe zu unterstützen. KI in einer dezentralen Cloud, verbunden mit einer zentralen KI auf den Betrieben kann seinen Teil dazu beitragen, landwirtschaftliche Rahmenbedingungen effizienter zu gestalten. Zum Beispiel in den Bereichen des Nutzpflanzenwachstums, Fruchtfolge und Bodenbearbeitung. In der Medizin wird unlängst an einer Software gearbeitet, die das Wissen und die Erfahrungen langjähriger Ärzte konservieren soll. Ziel dieser Anwendung ist es, jungen Ärzten die Möglichkeit zu eröffnen, langfristig vom Wissensschatz der scheidenden Mediziner zu profitieren. Ebenso hilft die Software unterstützend bei der Befundung von MRT-Aufnahmen (BRUNE 2022: 188). Eine solche Vorgehensweise könnte ebenfalls in der Landwirtschaft große Vorteile mit sich bringen. Langjähriges Wissen über Anbauverfahren und gewisse Tücken mancher Ackerflächen wären somit für nachfolgende Generationen gespeichert und betriebsübergreifend stets verfügbar. Zusätzlich kann die KI nach der Auswertung von Drohnenbildern Hinweise auf potenziell erkrankte Pflanzenbestände geben, bevor bedeutende wirtschaftliche Schäden entstehen.

Auch in der Landwirtschaft wurden bereits erste Anwendungstest mit KI durchgeführt. Ein Beispiel ist die Entwicklung eines autonomen Roboters, ausgestattet mit mehrfacher Sensoren- und Kameratechnik, zur Bestandaufnahme, Reifeprüfung und Bewertung des allgemeinen Pflanzenzustandes in Obstplantagen. Während der Durchfahrt wertet die KI die ermittelten Daten aus und erstellt für den Landwirt eine repräsentative Karte seines Obstbaumbestandes (FRAUNHOFER 2021: 2-4).

Hinsichtlich der Bewältigung bevorstehender Herausforderungen in den Bereichen der Welternährung und Umweltschutz erklären NÜSSEL (2018: 344) und LUDWIG (2022), dass die weitere Digitalisierung der Landwirtschaft unter dem Beitrag von Wissenschaft und Forschung als Teil einer Zukunftsstrategie unverzichtbar ist. Unter Berücksichtigung der zu erwartenden positiven Auswirkungen der neuen digitalen Techniken auf die Umwelt sollten staatliche Institutionen ebenso ein großes Interesse zeigen und diese, besonders in der Einführungsphase, entsprechend fördern (NÜSSEL 2018: 355 f.).

# 5  Fazit

Neue Technologien im Rahmen von digitalen Anwendungen sind für die Landwirtschaft der Zukunft unumgänglich. Die Kombination von Wissenschaft und Forschung mit digitaler Landtechnik wird die Branche definitiv gut auf für die Herausforderungen der Zukunft einstellen.

NIRS- und Drohnen-Technik versprechen in der Einzelanwendung bereits ansehnliche Ergebnisse und Arbeitserleichterungen. Unter der Voraussetzung, dass die beiden Techniken künftig flächendeckend miteinander synchronisiert werden können, werden die Vorteile in Bezug auf den Bodenschutz und der Düngeeffizienz wohlmöglich weiter steigen. Dafür ist allerdings die Akzeptanz der Betriebsleiter notwendig und muss seitens der Politik in Form von Förderungen und gemeinsamen Forschungsprojekten vorangetrieben werden. Des Weiteren darf den Landwirten durch die detaillierte Dokumentation, wie sie durch NIRS möglich ist, kein Nachteil entstehen. Ansonsten würde das Vertrauen in Gesetzgeber und Technik schwinden. Trotz geringer Erfahrungen mit den neuen Techniken muss diesen weiterhin mutig, entschlossen und vor allem offen gegenübergestanden werden. Dies kann abermals nur in einer engverknüpften Zusammenarbeit von Politik und Landwirten geschehen. Zusätzlich sollten vermehrt Verbände oder Vereinigungen wie die ZKL hinzugezogen werden. Somit kann ein gebündeltes Knowhow dazu beitragen, die Landwirtschaft erfolgreich in eine digitale Zukunft zu führen.

# 6  Zusammenfassung

In der vorliegenden Arbeit wird aufgezeigt, welche neuen und digitalen Techniken in die Landwirtschaft integriert werden könnten, um in Zukunft einen effizienteren Ressourcenumgang und eine ökonomischere Arbeitserledigung gewährleisten zu können.

Eingangs wird anhand von zukunftsorientierten Veröffentlichungen und Vorgaben unterschiedlicher Institutionen ermittelt, wie die Zielsetzungen der modernen Landwirtschaft in Deutschland und der EU definiert sind. Anhand des Vergleichs konnte festgestellt werden, dass der Schutz und die Förderung von Bodenfruchtbarkeit, klimaangepasste Anbaukonzepte, Klimaschutz, Düngeeffizienz und die Weiter- und Neuentwicklung und landwirtschaftlicher Technik, verbunden mit zunehmender Digitalisierung, als übereinstimmende Ziele definiert wurden. In Bezug auf mögliche Kombination einzelner Verfahren und Techniken wurde sich dafür entschieden, sich im Rahmen dieser Ausarbeitung auf den Ausbau der Digitalisierung mit Hilfe von zwei bereits existierenden Techniken, die bislang keine breite Anwendung finden, zu konzentrierten.

Nach einer kurzen Beschreibung der ausgewählten NIRS- und Drohnen-Technologie wird im Hauptteil der Arbeit erläutert, welche Voraussetzungen für einen Einsatz und eine eventuelle Kombination dieser Techniken gegeben sein muss. Im Folgenden wird dazu Stellung genommen, dass der Berufsstand der Landwirte einer zunehmenden Digitalisierung in Teilen kritisch gegenübersteht und diskutiert, welche Gründe dafür die Auslöser sein könnten. Ungeachtet dessen wird den neuen Möglichkeiten durch digitalen und technischen Fortschritt dennoch großes Potential für das Bestehen kommender Herausforderungen zugesprochen. Ergänzend wird ein kurzer Einblick in das Themenfeld der KI gegeben und aufgezeigt, wie diese mit autonomer Robotik und dem Anlegen von Bestandkarten ebenfalls zum landwirtschaftlichen Erfolg beitragen kann. Abgeschlossen wird diese Ausarbeitung durch ein Fazit mit persönlichen Einschätzungen des Verfassers.

# Literaturverzeichnis


**AG: Allianz für den Gewässerschutz (2019):** Optimale Nährstoffausnutzung aus Wirtschaftsdüngern. https://www.allianz-gewaesserschutz.de/wp-content/uploads/2021/08/Broschuere_Naehrstoffausnutzung_2019_final.pdf, 30.04.2023.

**BITKOM: Bitkom e.V. (2018):** Fast jeder zehnte Bauer setzt auf Drohnen. https://www.bitkom.org/Presse/Presseinformation/Fast-jeder-zehnte-Bauer-setzt-auf-Drohnen, 25.04.2023.

**Block, J., Michels, M., Mußhoff, O. (2021):** Digitale Risikomanagementtools in der Landwirtschaft – Status Quo und Anforderungen. In: Bundesministerium für Ernährung und Landwirtschaft (2021)(Hrsg.): Berichte über Landwirtschaft, Band 99, Ausgabe 1. https://doi.org/10.12767/buel.v99i1.327, 28.04.2023.

**BMEL: Bundesministerium für Ernährung und Landwirtschaft (2021):** Ackerbaustrategie 2035. Perspektiven für einen produktiven und vielfältigen Pflanzenbau. https://www.bmel.de/DE/themen/landwirtschaft/pflanzenbau/ackerbau/ackerbaustrategie.html, 06.04.2023.

**BMEL: Bundesministerium für Ernährung und Landwirtschaft (2022):** Zukunftskommission Landwirtschaft. https://www.bmel.de/DE/themen/landwirtschaft/zukunftskommission-landwirtschaft.html, 20.04.2023.

**Brune, G. (2022):** Künstliche Intelligenz anwenden. Jetzt. In: Künstliche Intelligenz heute. Anwendungen aus Wirtschaft, Medizin und Wissenschaft. Springer Vieweg, Wiesbaden: 179-192.

**Bökle, S., Reiser, D., Griedentrog, H. W. (2020):** Automatisierte und digitale Dokumentation der Applikation organischer Düngemittel. In: Gandorfer, M., Meyer-Aurich, A., Bernhardt, H., Maidl, F. X., Fröhlich, G., Floto, H. (2020)(Hrsg.): 40. GIL-Jahrestagung, Digitalisierung für Mensch, Umwelt und Tier, Bonn. https://dl.gi.de/handle/20.500.12116/31930, 27.04.2023.

**Candiago, S., Remondino, F., De Giglio, M., Dubbini, M., Gattelli, M. (2015):** Evaluating Multispectral Images and Vegetation Indices for Precision Farming Applications from UAV Images. In: Remote Sensing, Band 7, Ausgabe 4. https://doi.org/10.3390/rs70404026, 28.04.2023.

**DBV: Deutscher Bauernverband (2020):** Pressemitteilung: Zukunftskommission Landwirtschaft auf den Weg gebracht. https://www.bauernverband.de/fileadmin/user_upload/dbv/pressemitteilungen/2020/KW_12/2020-052_Zukunftskommission_Landwirtschaft.pdf, 19.04.2023.

**DESTATIS: Statistisches Bundesamt (2022a):** Anzahl der landwirtschaftlichen Betriebe und Bauernhöfe in Deutschland bis 2022 (in 1.000). In: Statista. https://de.statista.com/statistik/daten/studie/36094/umfrage/landwirtschaft---anzahl-der-betriebe-in-deutschland/, 02.05.2023.

**DESTATIS: Statistisches Bundesamt (2022b):** Anzahl der Auszubildenden zum Landwirt in Deutschland in den Jahren 2007 bis 2021. In: Statista. https://de.statista.com/statistik/daten/studie/323820/umfrage/auszubildende-zum-landwirt-in-deutschland/, 02.05.2023.

**DESTATIS: Statistisches Bundesamt (2022c):** Anzahl der Studierenden der Agrarwissenschaft/Landwirtschaft in Deutschland vom Wintersemester 1998/99 bis 2021/22. In: Statista. https://de.statista.com/statistik/daten/studie/184372/umfrage/anzahl-studenten-im-agrarbereich-in-deutschland, 02.05.2023.

**Don, A., Flessa H., Marx, K., Poeplau, C., Tiemeyer, B., Osterburg, B. (2018):** Die 4-Promille-Initiative „Böden für Ernährungssicherung und Klima" – Wissenschaftliche Bewertung und Diskussion möglicher Beiträge in Deutschland. Johann Heinrich von Thünen-Institut, Braunschweig. https://literatur.thuenen.de/digbib_extern/dn060523.pdf, 13.02.2023.

**DüV: Verordnung über die Anwendung von Düngemitteln, Bodenhilfsstoffen, Kultursubstraten und Pflanzenhilfsmitteln nach den Grundsätzen der guten fachlichen Praxis beim Düngen 2 (Düngeverordnung) (2017):** Ausfertigungsdatum 26.05.2017, Stand 10.08.2021, https://www.gesetze-im-internet.de/d_v_2017/DüV.pdf, § 10, 27.04.2023.

**EK: Europäische Kommission (2019):** Mitteilung der Kommission an das Europäische Parlament, den Europäischen Rat, den Rat, den Europäischen Wirtschafts- und Sozialausschuss und den Ausschuss der Regionen. Der europäische Grüne Deal. https://eur-lex.europa.eu/resource.html?uri=cellar:b828d165-1c22-11ea-8c1f-01aa75ed71a1.0021.02/DOC_1&format=PDF, 06.04.2023.

**EK: Europäische Kommission (2023a):** Die Gemeinsame Agrarpolitik auf einen Blick. https://agriculture.ec.europa.eu/common-agricultural-policy/cap-overview/cap-glance_de#gap-20232027, 12.04.2023.

**EK: Europäische Kommission (2023b):** Die Gemeinsame Agrarpolitik (GAP): 2023-2027. https://agriculture.ec.europa.eu/common-agricultural-policy/cap-overview/cap-2023-27_de, 12.04.2023.

**FRAUNHOFER: Fraunhofer-Gesellschaft zur Förderung der angewandten Forschung e.V. (2021):** KI-Technologien für die nachhaltige Landwirtschaft. https://www.fraunhofer.de/content/dam/zv/de/presse-medien/2021/november/hhi-ki-technologien-fuer-die-nachhaltige-landwirtschaft.pdf, 02.05.2023.

**Fuchs, C., Meyer, D., Poehls, A. (2022):** Herstellung und wirtschaftliche Bewertung synthetischer Kraftstoffe zum Antrieb von Verbrennungsmotoren in der Landwirtschaft. In: Bundesministerium für Ernährung und Landwirtschaft (2022)(Hrsg.): Berichte über Landwirtschaft, Band 100, Ausgabe 1. https://doi.org/10.12767/buel.v100i1.390, 25.04.2023.

**Gabriel, A., Gandorfer, M., Spykman, O. (2021):** Nutzung und Hemmnisse digitaler Technologien in der Landwirtschaft. Sichtweisen aus der Praxis und in den Fachmedien. In: Bundesministerium für Ernährung und Landwirtschaft (2021)(Hrsg.): Berichte über Landwirtschaft, Band 99, Ausgabe 1. https://doi.org/10.12767/buel.v99i1.328, 28.04.2023.

**Grothmann, R. (2022):** Mehr Qualität, geringere Kosten, höhere Effizienz. KI in der Produktion von Nahrungsmitteln. In: Brune, G. (2022)(Hrsg): Künstliche Intelligenz heute. Anwendungen aus Wirtschaft, Medizin und Wissenschaft. Springer Vieweg, Wiesbaden: 29-40.

**Hermann, H., Meyer-Ötting, U., Hochrein, R. (1984):** Agrarwirtschaft: Lehr- und Arbeitsbuch für berufsbildende Schulen. BLV Verlagsgesellschaft, München, 2. Auflage.

**IBM: IBM Deutschland GmbH (o.J.):** Was ist Künstliche Intelligenz (KI)?. https://www.ibm.com/de-de/topics/artificial-intelligence, 03.05.2023.

**Kitzmann, A. (2022):** Künstliche Intelligenz. Wie verändert sich unsere Zukunft?. Springer, Wiesbaden.

**KSG: Bundes-Klimaschutzgesetz (2019):** Ausfertigungsdatum 12.12.2019, Stand 18.08.2021, https://www.gesetze-im-internet.de/ksg/KSG.pdf, § 4, 26.04.2023.

**KTBL: Kuratorium für Technik und Bauwesen in der Landwirtschaft (2021):** Drohnen in der Landwirtschaft. Übersicht und Potenzial. Eigenverlag, Darmstadt.

**Lichti, F. (2017):** Entwicklungen in der Gülleausbringtechnik. In: Wendl, G. (2017)(Hrsg.): Ackerbau – technische Lösungen für die Zukunft. Bayerische Landesanstalt für Landwirtschaft, Freising-Weihenstephan, 1. Auflage: 71-78. https://www.lfl.bayern.de/publikationen/schriftenreihe/177054/index.php, 22.04.2023.

**Lichti, F., Thurner, S. (2018):** Erklärende Einführung. In: Arbeitsgemeinschaft Landtechnik und landwirtschaftliches Bauwesen in Bayern e.V. (2018)(Hrsg.): Was kann NIRS in der Landwirtschaft leisten?. Freising: 2-3. https://www.biogas-forum-bayern.de/media/files/0004/was-kann-nirs-in-der-landwirtschaft-leisten.pdf, 21.04.2023.

**Lichti, F., Thurner, S., Henkelmann, G. (2018):** Möglichkeiten und Grenzen der NIRS-Analytik. In: Arbeitsgemeinschaft Landtechnik und landwirtschaftliches Bauwesen in Bayern e.V. (2018)(Hrsg.): Was kann NIRS in der Landwirtschaft leisten?. Freising: 3-5. https://www.biogas-forum-bayern.de/media/files/0004/was-kann-nirs-in-der-landwirtschaft-leisten.pdf, 21.04.2023.

**Ludwig, R. (2022):** Rettet uns der technische Fortschritt? In: Neue Gesellschaft Frankfurter Hefte (2022)(Hrsg): Fortschritt - wohin?, Ausgabe 10/2022. https://www.frankfurter-hefte.de/artikel/rettet-uns-der-technische-fortschritt, 18.04.2023.

**LuftVO: Luftverkehrs-Ordnung (2015):** Ausfertigungsdatum 29.10.2015, Stand 14.06.2021, https://www.gesetze-im-internet.de/luftvo_2015/LuftVO.pdf, § 21h, 30.04.2023.

**LWK NDS: Landwirtschaftskammer Niedersachsen (o.J.):** Die neue GAP ab 2023 - eine ökonomische Optimierung der Anträge wird wichtiger!. https://www.lwk-niedersachsen.de/lwk/news/38437_Die_neue_GAP_ab_2023_-_eine_oekonomische_Optimierung_der_Antraege_wird_wichtiger, 12.04.2023.

**Nüssel, M. (2018):** Landwirtschaft 4.0 – die Waffe gegen Hunger und Umweltzerstörung?. In: Bär, C., Grädler, T., Mayr, R. (2018)(Hrsg): Digitalisierung im Spannungsfeld von Politik, Wirtschaft, Wissenschaft und Recht. Springer Gabler, Berlin, Heidelberg: 343-363.

**Pössneck, J. (2011):** Precision Farming im Pflanzenbau. In: Landesamt für Umwelt, Landwirtschaft und Geologie, Freistaat Sachsen (2011)(Hrsg.): Analysen und Trends. https://www.landwirtschaft.sachsen.de/download/Precision_Farming-Endfassung-Internet-v2.pdf, 30.04.2023.

**Reckleben, Y., Reckleben, B. (2022):** Abschied vom „breiten Daumen". In: Deutsche Landwirtschafts-Gesellschaft (2022)(Hrsg.): DLG Mitteilung – Zukunft Landwirtschaft. Max Eyth-Verlagsgesellschaft, Frankfurt/Main: 19-21.

**Strampe, J. (2023):** Mündliche Mitteilung am 29.04.2023; Geschäftsführer der Röbbelbach Agrar KG, Brockhimbergen und 1. Vorsitzender des Maschinenring Uelzen-Isenhagen e.V., Tel.: 0151-40900544.

**UBA: Umweltbundesamt (2020):** Landwirtschaft und Umwelt – Wo stehen wir? Wo wollen wir hin? Präsentationsfolien zur Präsentation von Messner, D. im Rahmen des Agrarkongress 2020. https://www.umweltbundesamt.de/sites/default/files/medien/421/dokumente/vortrag_dirk_messner.pdf, 26.04.2023.

**ZKL: Zukunftskommission Landwirtschaft (2021):** Zukunft Landwirtschaft. Eine gesamtgesellschaftliche Aufgabe. www.bmel.de/goto?id=89464, 13.02.2023.